IL FUOCO DELL'ALCHIMISTA: ALLA RICERCA DELLA PIETRA FILOSOFALE

OCCULTO IN SEGRETO

INDICE:

CAPITOLO 1

INTRODUZIONE ALL'ALCHIMIA

Benvenuti nel meraviglioso mondo dell'alchimia, un'antica disciplina che unisce scienza, filosofia e spiritualità. Nel primo capitolo di "Il Fuoco dell'Alchimista: Alla Ricerca della Pietra Filosofale", ci immergeremo in un viaggio appassionante alla scoperta dei fondamenti e dell'evoluzione dell'alchimia.

1.1 Origini dell'alchimia: Esploreremo le radici profonde dell'alchimia, risalendo alle antiche civiltà che hanno gettato le basi di questa disciplina. Dall'Egitto degli alchimisti ermetici al contributo dei greci e degli arabi, seguiremo il percorso storico che ha portato alla nascita e alla diffusione dell'alchimia in diverse culture e continenti. Scopriremo come l'alchimia sia stata influenzata dalla magia, dalla filosofia greca, dalla medicina e dalle tradizioni esoteriche.

1.2 Scienza e simbolismo alchemico: Approfondiremo il rapporto tra l'alchimia e la scienza, analizzando i processi di laboratorio utilizzati dagli alchimisti per la trasmutazione dei metalli e la ricerca della Pietra Filosofale. Esploreremo anche il linguaggio simbolico dell'alchimia, ricco di immagini e allegorie che comunicano concetti complessi. Studieremo i simboli degli elementi, come il sole, la luna, il serpente e l'aquila, e scopriremo il loro significato profondo e le associazioni con i processi alchemici.

1.3 L'aspetto spirituale dell'alchimia: L'alchimia non è solo una scienza fisica, ma anche un cammino spirituale. Esploreremo l'aspetto mistico e filosofico dell'alchimia, che mira non solo alla trasformazione dei metalli, ma anche all'evoluzione interiore dell'alchimista. Scopriremo le influenze delle tradizioni ermetiche, dell'alchimia spirituale e delle pratiche di trasmutazione dell'anima. Esploreremo anche la connessione tra l'alchimia e la ricerca dell'immortalità e dell'unione con l'essenza divina.

1.4 Eredità dell'alchimia: Esploreremo l'influenza duratura dell'alchimia attraverso i secoli. Analizzeremo il suo impatto sulla chimica, sulla medicina e sulla filosofia, nonché il suo contributo alla nascita della scienza moderna. Esploreremo le opere degli alchimisti famosi, come Paracelso e Isaac Newton, e come i loro studi abbiano gettato le basi per la conoscenza scientifica contemporanea. Studieremo anche l'eredità dell'alchimia nella cultura popolare, nell'arte, nella letteratura e nella simbologia moderna.

1.5 Alchimia e il microcosmo-macrocosmo: Un concetto chiave nell'alchimia è quello del microcosmo-macrocosmo, che rappresenta l'idea che l'universo e l'essere umano siano intimamente connessi e riflettano gli stessi principi. Esploreremo come gli alchimisti abbiano cercato di comprendere il funzionamento dell'universo attraverso l'osservazione del proprio interno, utilizzando analogie tra i processi alchemici e quelli che si verificano nel corpo umano. Studieremo il concetto di "as above, so below" (come sopra, così sotto) e come questo abbia influenzato l'alchimia e la sua visione del cosmo.

1.6 Alchimia come ricerca dell'unità: Un tema ricorrente nell'alchimia è la ricerca dell'unità e dell'armonia. Gli alchimisti hanno cercato di superare le dualità e le polarità della vita, cercando di raggiungere una sintesi tra opposti apparenti. Esploreremo il concetto di "coniunctio oppositorum" (coniugazione degli opposti) e come sia rappresentato sia a livello materiale, attraverso la trasmutazione dei metalli, che a livello spirituale, nella ricerca dell'unione tra il corpo e l'anima, il maschile e il femminile, il finito e l'infinito.

1.7 Alchimia come percorso individuale: L'alchimia non è solo una conoscenza da apprendere, ma un percorso personale di crescita e trasformazione. Esploreremo il concetto di "Opus Magnum" (Grande Opera), che rappresenta l'opera alchemica compiuta dall'alchimista su se stesso. Studieremo le diverse fasi dell'Opus Magnum, come la nigredo (la fase dell'oscurità), l'albedo (la fase della purificazione) e la rubedo (la fase dell'illuminazione), e come queste fasi siano applicabili al percorso di trasformazione interiore dell'individuo.

1.8 Il mistero della Pietra Filosofale: Infine, esploreremo il mistero centrale dell'alchimia: la ricerca della Pietra Filosofale. Questa pietra, leggendaria e simbolica, rappresenta la massima conquista dell'alchimista, offrendo sia la trasmutazione dei metalli che l'illuminazione spirituale. Esploreremo le leggende e i simboli associati alla Pietra Filosofale e come la sua ricerca sia diventata un simbolo universale dell'aspirazione umana verso la perfezione e la conoscenza.

Nel Capitolo 1 di "Il Fuoco dell'Alchimista", ci siamo immersi nelle origini dell'alchimia, nelle sue influenze storiche e filosofiche, nei suoi simboli e nei suoi insegnamenti spirituali. Ci siamo addentrati nella complessità di questa disciplina e ci siamo preparati per il viaggio che ci condurrà alla scoperta dei segreti dell'alchimia.

CAPITOLO 2

I SIMBOLI DELL'ALCHIMIA

Nel secondo capitolo di "Il Fuoco dell'Alchimista: Alla Ricerca della Pietra Filosofale", ci immergeremo nel misterioso e affascinante mondo dei simboli alchemici. I simboli sono la lingua segreta dell'alchimia, portatori di significati profondi e conoscenze nascoste. Attraverso l'analisi dettagliata e l'interpretazione creativa dei simboli, sveleremo gli insegnamenti nascosti che gli alchimisti hanno tramandato nei secoli.

2.1 Gli elementi primari: simbolismo e corrispondenze Cominciamo il nostro viaggio esplorando il simbolismo degli elementi primari dell'alchimia: l'aria, la terra, il fuoco e l'acqua. Ogni elemento ha una rappresentazione simbolica unica che si intreccia con le loro proprietà fisiche. L'aria può rappresentare l'intelletto, la libertà o la leggerezza; la terra può simboleggiare la stabilità, la solidità o la fertilità; il fuoco può evocare la passione, la trasformazione o la purificazione; l'acqua può essere associata all'emozione, alla fluidità o alla guarigione. Esploreremo anche le corrispondenze tra gli elementi e altri concetti, come i punti cardinali, i sensi, i metalli e le stagioni.

2.2 Il sole e la luna: dualità e complementarità Uno dei simboli più potenti e ricorrenti nell'alchimia è quello del sole e della luna. Questi astri rappresentano la dualità e la complementarità delle forze che agiscono nell'universo. Il sole è associato alla luce, all'energia maschile, alla vitalità e alla consapevolezza cosciente, mentre la luna rappresenta l'oscurità, l'energia femminile, l'intuizione e l'inconscio. Esploreremo il loro simbolismo e le loro interazioni all'interno dei processi alchemici, come il matrimonio alchemico tra il sole e la luna, che rappresenta l'unione degli opposti e la realizzazione dell'equilibrio.

2.3 Il serpente: trasmutazione e rinascita Il serpente è un simbolo antico e universale presente in molte tradizioni, e nell'alchimia ha un significato profondo. Il serpente che si morde la coda, conosciuto come ouroboros, rappresenta l'eterno ciclo di trasformazione e rinascita. Questo simbolo è associato al concetto di "solve et coagula" (sciogli e coagula), che indica la dissoluzione e la coagulazione necessarie per la trasmutazione alchemica. Esploreremo il ruolo del serpente come simbolo di energia vitale, di conoscenza segreta e di potere trasformativo.

2 .4 Il mercurio: l'elemento dell'unione e della transmutazione

Il mercurio è un metallo che occupa un posto speciale nell'alchimia. Rappresenta l'elemento dell'unione e della transmutazione, essendo in grado di fondere e combinare diverse sostanze. Il mercurio simboleggia anche l'energia vitale, l'anima e la dualità tra il principio maschile e quello femminile. Esploreremo il suo simbolismo nel contesto dell'alchimia, dove viene utilizzato come metafora per il processo di trasformazione alchemica. Il mercurio rappresenta anche l'aspetto volatile e inafferrabile della conoscenza alchemica, richiedendo un approccio attento e cauto per comprenderne appieno il potenziale.

2.5 La croce: simbolo di unione e sacrificio
La croce è un simbolo carico di significato in molti contesti culturali e religiosi, ma ha anche un ruolo importante nell'alchimia. Rappresenta l'unione degli opposti e il punto di convergenza tra il cielo e la terra. La croce alchemica può assumere diverse forme, come la croce equilatera o la croce ansata. Questo simbolo rappresenta l'idea di sacrificio, purificazione e trasformazione, poiché l'alchimista è chiamato a rinunciare ai propri desideri materiali e a dedicarsi al processo di evoluzione interiore.

2.6 Il caduceo di Mercurio: equilibrio e armonia
Il caduceo di Mercurio è un simbolo ben noto nella mitologia greca e nella tradizione alchemica. Questo simbolo raffigura due serpenti avvolti intorno a un bastone con ali dietro di loro. Il caduceo rappresenta l'equilibrio tra le forze opposte e la necessità di trovare armonia nella dualità. Rappresenta anche il processo di elevazione spirituale, poiché il bastone centrale rappresenta l'asse che connette il cielo e la terra. Esploreremo il significato e l'utilizzo del caduceo di Mercurio come

simbolo di guarigione, trasmutazione e integrazione degli opposti.

2.7 Altri simboli alchemici
Nel corso del capitolo, esploreremo anche una varietà di altri simboli alchemici, come la stella a cinque punte, il triangolo, la spirale e molti altri. Ogni simbolo ha il proprio significato e la propria rappresentazione simbolica nell'alchimia, offrendo ulteriori strati di conoscenza e profondità alla disciplina.

La stella a cinque punte, nota anche come pentacolo, rappresenta l'unione degli elementi: aria, terra, fuoco, acqua e spirito. Questo simbolo è spesso associato alla ricerca dell'equilibrio e alla connessione con il divino.

Il triangolo è un simbolo potente che rappresenta l'unità e la trinità. Nell'alchimia, può simboleggiare i tre principi alchemici: zolfo, mercurio e sale. Rappresenta anche il processo di purificazione e di unificazione degli opposti.

La spirale è un simbolo di movimento, trasformazione e crescita. Rappresenta il ciclo infinito della vita, la continuità e l'evoluzione. Nell'alchimia, la spirale è associata alla ricerca della conoscenza e all'espansione della consapevolezza.

2.8 L'interpretazione dei simboli alchemici

Oltre a esplorare i singoli simboli, affronteremo anche l'arte dell'interpretazione dei simboli alchemici. Gli alchimisti consideravano i simboli come veicoli per la comprensione profonda dei principi universali e dell'essenza della realtà. L'interpretazione dei simboli richiede un approccio intuitivo, creativo e multidimensionale, in cui siamo invitati a esplorare diverse prospettive e significati possibili.

Esploreremo diverse modalità di interpretazione dei simboli, come l'analisi degli elementi visivi, l'associazione con le esperienze personali e la connessione con il subconscio. Attraverso l'interpretazione dei simboli, gli alchimisti cercavano di svelare i misteri dell'universo e di comprendere le leggi profonde che regolano la realtà.

2.9 I simboli alchemici nella cultura contemporanea

Infine, esploreremo l'influenza dei simboli alchemici nella cultura contemporanea. Nonostante l'alchimia sia stata una disciplina riservata a pochi in passato, i suoi simboli si sono diffusi nel mondo moderno, trovando spazio nella spiritualità, nell'arte, nella letteratura e nella cultura popolare. Analizzeremo come i simboli alchemici siano diventati fonte di ispirazione per gli artisti, come abbiano influenzato la psicologia analitica di Carl Gustav Jung e come siano diventati oggetto di interesse per coloro che cercano la conoscenza esoterica.

Nel campo dell'arte, i simboli alchemici sono stati utilizzati come strumenti per esprimere concetti filosofici e spirituali complessi. Artisti come Salvador Dalí, Wassily Kandinsky e Gustav Klimt hanno integrato simboli alchemici nelle loro opere, creando una profonda connessione tra arte e alchimia. Questa fusione ha consentito di esplorare l'aspetto simbolico e metafisico dell'arte, trasmettendo messaggi nascosti e invocando la ricerca della trasformazione interiore.

Nel campo della letteratura, i simboli alchemici sono stati utilizzati come strumenti narrativi per rappresentare il viaggio dell'anima e la ricerca della conoscenza. Opere come "Il piccolo principe" di Antoine de Saint-Exupéry e "Harry Potter" di J.K. Rowling presentano simboli alchemici che sottolineano l'importanza della crescita interiore, dell'equilibrio e della comprensione del mondo che ci circonda.

Inoltre, i simboli alchemici hanno avuto un impatto significativo sulla psicologia analitica di Carl Gustav Jung. Jung considerava l'alchimia come una forma di ricerca spirituale e intraprese uno studio approfondito dei suoi simboli. Egli identificò molti parallelismi tra gli archetipi alchemici e i processi di individuazione e di trasformazione interiore dell'essere umano. Secondo Jung, l'analisi dei simboli alchemici può portare a una maggiore consapevolezza di sé e alla comprensione dei processi psicologici profondi.

Infine, i simboli alchemici hanno attirato l'interesse di coloro che cercano la conoscenza esoterica e la spiritualità. Molti individui sono affascinati dal mistero e dalla profondità dei simboli alchemici, vedendoli come chiavi per la comprensione dei segreti dell'universo. Questo interesse si riflette in gruppi di studio, conferenze e pubblicazioni che si dedicano all'interpretazione e all'applicazione dei simboli alchemici nella ricerca del significato della vita e della trasformazione personale.

CAPITOLO 3

LA TRASMUTAZIONE ALCHEMICA

La trasmutazione alchemica rappresenta il cuore dell'arte alchemica, il processo attraverso il quale gli alchimisti cercavano di trasformare la materia grezza in una forma superiore e di raggiungere la pietra filosofale, simbolo di perfezione e saggezza. In questo capitolo, esploreremo in modo ampio, dettagliato e creativo la trasmutazione alchemica, i suoi principi fondamentali e le diverse fasi coinvolte nel processo.

3.1 La Nigredo: La Materia Prima e l'Oscurità Iniziale

La trasmutazione alchemica inizia con la fase chiamata Nigredo, che rappresenta l'oscurità iniziale e la decomposizione della materia grezza. Gli alchimisti identificavano una "materia prima" che simboleggiava l'essenza primordiale, la sostanza fondamentale da cui tutto poteva essere generato. Questa materia prima era spesso rappresentata da metalli come il piombo o il mercurio.

Durante la Nigredo, la materia prima viene sottoposta a processi di putrefazione e decomposizione, simbolicamente rappresentati da immagini di corpi in decomposizione o animali morti. Questa fase rappresenta il momento in cui l'alchimista deve affrontare e purificare le proprie ombre interiori, le parti oscure e inconscie della propria psiche.

3.2 La Albedo: La Purificazione e la Luce

Dopo la Nigredo, segue la fase dell'Albedo, che rappresenta la purificazione della materia e l'ottenimento di una forma più raffinata. Durante questa fase, l'alchimista lavora per eliminare le impurità e le imperfezioni attraverso processi di lavaggio e distillazione.

Simbolicamente, l'Albedo è rappresentata dalla luce, che simboleggia la chiarezza, la purezza e l'illuminazione interiore. Gli alchimisti si riferiscono a questa fase come la "morte bianca" o la "bruciatura delle spore" in cui le impurità vengono eliminate e l'essenza pura emerge.

3 .3 La Citrinitas: La Maturazione e la Trasformazione

Dopo l'Albedo, segue la fase della Citrinitas, che rappresenta la maturazione e la trasformazione dell'essenza purificata. Durante questa fase, l'alchimista lavora per consolidare la purezza ottenuta e far maturare l'essenza in qualcosa di più nobile e prezioso.

La Citrinitas è spesso rappresentata dal colore giallo o dorato, che simboleggia la luce del sole e la saggezza interiore. In questa fase, l'alchimista sviluppa la sua consapevolezza e comprensione profonda dei segreti dell'universo, acquisendo una visione più ampia e una connessione con il divino.

3 .4 La Rubedo: La Coagulazione e la Pietra Filosofale

L'ultima fase della trasmutazione alchemica è la Rubedo, che rappresenta la coagulazione finale e l'ottenimento della pietra filosofale. Durante questa fase, la sostanza trasmutata raggiunge il suo stato di perfezione e stabilità.

Simbolicamente, la Rubedo è associata al colore rosso, che rappresenta la vitalità, la passione e la trasformazione completata. L'alchimista ha raggiunto la pietra filosofale, l'obiettivo finale della sua ricerca, che simboleggia l'illuminazione, la conoscenza profonda e la realizzazione dell'essenza spirituale.

La pietra filosofale è considerata il simbolo supremo dell'alchimia, in grado di trasformare qualsiasi metallo imperfetto in oro puro e di conferire l'immortalità spirituale. Oltre alla sua importanza nel contesto alchemico, la pietra filosofale rappresenta anche la realizzazione personale, la conquista della saggezza interiore e l'equilibrio tra le forze opposte dell'universo.

3.5 La Trasmutazione come Metafora della Trasformazione Interiore

Oltre alla sua dimensione letterale, la trasmutazione alchemica può essere interpretata come una potente metafora per la trasformazione interiore dell'essere umano. Gli alchimisti credevano che il processo di trasmutazione della materia potesse essere applicato anche alla psiche umana, in cui l'individuo cerca di liberarsi delle impurità, delle illusioni e delle limitazioni per raggiungere la propria essenza autentica.

La Nigredo rappresenta l'inizio del cammino interiore, l'incontro con le proprie ombre e la necessità di affrontare e purificare gli aspetti oscuri della propria personalità. Attraverso l'accettazione e l'integrazione di queste ombre, l'individuo può intraprendere un percorso di purificazione e crescita personale.

L'Albedo simboleggia la fase di purificazione e di illuminazione interiore. Attraverso la consapevolezza e la ricerca della verità, l'individuo si libera delle illusioni e delle impurità che lo limitano, acquisendo chiarezza mentale e una connessione profonda con la propria essenza spirituale.

La Citrinitas rappresenta la fase di maturazione e di trasformazione interiore. Durante questa fase, l'individuo sviluppa una saggezza profonda e una visione più ampia della realtà, integrando gli insegnamenti e le esperienze vissute nel percorso di trasformazione.

Infine, la Rubedo simboleggia la coagulazione finale e l'ottenimento della pietra filosofale, che rappresenta l'illuminazione e la realizzazione della propria essenza spirituale. In questa fase, l'individuo ha raggiunto un equilibrio interiore, una profonda connessione con il divino e una comprensione profonda dei misteri dell'universo.

La trasmutazione alchemica, quindi, non è solo un processo esterno di trasformazione della materia, ma anche un viaggio interiore di trasformazione e crescita spirituale. Attraverso l'applicazione dei principi alchemici nella propria vita, l'individuo può aspirare a una maggiore consapevolezza di sé, alla scoperta della propria vera essenza e all'armonia con l'universo.

È importante sottolineare che la trasmutazione alchemica non è un processo lineare o semplice. Richiede dedizione, pazienza e un profondo impegno personale. Ogni individuo affronta il proprio percorso di trasformazione in modo unico, con sfide e lezioni specifiche da superare.

In conclusione, la trasmutazione alchemica rappresenta un'antica disciplina che offre una visione profonda della trasformazione interiore. Attraverso le fasi della Nigredo, dell'Albedo, della Citrinitas e della Rubedo, gli alchimisti ci invitano a esplorare il nostro potenziale illimitato, a superare le nostre limitazioni.

CAPITOLO 4

LA RICERCA DELLA PIETRA FILOSOFALE

La ricerca della pietra filosofale è stata l'obiettivo centrale degli alchimisti attraverso i secoli. In questo capitolo, esploreremo in modo ampio, dettagliato e creativo il cammino intrapreso dagli alchimisti nella loro ricerca della pietra filosofale, il simbolo supremo dell'alchimia.

4.1 Il Mistero della Pietra Filosofale

La pietra filosofale, nota anche come "lapis philosophorum", è un oggetto leggendario che gli alchimisti credevano potesse conferire l'immortalità spirituale, trasmutare i metalli imperfetti in oro puro e possedere un'incredibile saggezza e potere. Questa pietra, però, non è da intendere solo in senso letterale, ma rappresenta un simbolo complesso e multiforme.

Gli alchimisti consideravano la ricerca della pietra filosofale come una metafora della ricerca interiore dell'illuminazione e della perfezione spirituale. La pietra filosofale era vista come un oggetto esterno, ma al tempo stesso come una manifestazione della propria essenza interiore che doveva essere scoperta e realizzata.

4 .2 I Principi Fondamentali della Ricerca

Nella ricerca della pietra filosofale, gli alchimisti seguivano diversi principi fondamentali che guidavano il loro percorso. Uno di questi principi era quello dell'unità degli opposti, rappresentato dal concetto di "coniunctio oppositorum". Gli alchimisti cercavano di unire e integrare gli opposti, come il maschile e il femminile, il sole e la luna, il caldo e il freddo, per raggiungere l'equilibrio e la totalità.

Un altro principio fondamentale era quello della trasmutazione, l'idea che la materia grezza potesse essere trasformata in una forma superiore. Gli alchimisti cercavano di liberare l'essenza spirituale nascosta nella materia e di farla evolvere attraverso le diverse fasi di trasmutazione.

4 .3 I Metodi e le Tecniche della Ricerca

Gli alchimisti svilupparono una vasta gamma di metodi e tecniche per condurre la loro ricerca della pietra filosofale. Queste tecniche includevano l'uso di strumenti e apparecchiature speciali, come alambicchi, forni e alari, per condurre processi di distillazione, sublimazione e calcinazione.

Inoltre, gli alchimisti sperimentarono con una varietà di sostanze e ingredienti, come metalli, erbe, minerali e prodotti chimici, al fine di scoprire le proprietà e le qualità nascoste della materia. La loro ricerca si basava anche sull'osservazione attenta dei fenomeni naturali e sulla conoscenza degli astri e dei cicli celesti.

4 .4 Il Simbolismo della Ricerca

La ricerca della pietra filosofale era intrisa di simbolismo profondo. Gli alchimisti utilizzavano simboli per rappresentare concetti complessi e per comunicare in modo criptico le loro scoperte e le loro esperienze. Questi simboli andavano oltre il semplice significato letterale, trasmettendo una conoscenza più profonda e spirituale.

Un simbolo centrale nella ricerca della pietra filosofale era il serpente, spesso rappresentato come un serpente che si morde la coda, formando un cerchio o un anello chiamato "ouroboros". Questo simbolo rappresentava il ciclo eterno della vita, la continuità e l'infinito. Indicava anche la necessità di autotrascendimento e di superare i limiti per raggiungere la perfezione.

Un altro simbolo comune era l'aquila e il leone, rappresentanti rispettivamente l'elemento dell'aria e del fuoco. Questi animali rappresentavano la forza, la nobiltà e la purezza, attributi necessari per affrontare il percorso della ricerca alchemica.

La figura dell'uomo e della donna, rappresentando il principio maschile e femminile, era spesso utilizzata per simboleggiare l'unione degli opposti. L'alchimia insegnava che solo attraverso l'unione di questi due principi poteva essere raggiunto l'equilibrio e la realizzazione.

4 .5 Gli Insegnamenti Morali della Ricerca

La ricerca della pietra filosofale non era solo

un'impresa scientifica, ma anche un cammino di crescita e di sviluppo personale. Gli alchimisti insegnavano che il processo di ricerca richiedeva non solo conoscenze tecniche, ma anche virtù morali.

La pazienza era considerata una virtù fondamentale. La ricerca della pietra filosofale richiedeva tempo e dedizione, poiché era un percorso lungo e complesso. Gli alchimisti credevano che solo attraverso la pazienza e la perseveranza si potesse raggiungere il successo.

La prudenza era un'altra virtù essenziale. Gli alchimisti dovevano essere attenti e prudenti nel condurre i loro esperimenti, poiché anche un piccolo errore poteva compromettere il risultato finale.

Inoltre, la ricerca della pietra filosofale richiedeva umiltà e saggezza. Gli alchimisti erano consapevoli della complessità dell'universo e dell'umiltà necessaria per comprendere e lavorare con le forze naturali. La saggezza era fondamentale per interpretare i segnali e i messaggi che la natura offriva lungo il percorso della ricerca.

4.6 La Ricerca come Viaggio Spirituale

La ricerca della pietra filosofale era

considerata un viaggio spirituale profondo. Gli alchimisti credevano che attraverso il processo di ricerca, l'alchimista stesso si trasformasse interiormente. La ricerca non si limitava solo a ottenere un risultato esterno, ma era un cammino di autoconoscenza e di trasformazione interiore.

Durante il percorso della ricerca, l'alchimista doveva affrontare numerose sfide e ostacoli. Questi rappresentavano i test e le prove necessarie per la crescita personale. La capacità di superare queste sfide richiedeva coraggio, determinazione e una profonda connessione con il proprio scopo.

La ricerca della pietra filosofale richiedeva anche un'apertura alla magia e al mistero dell'universo. Gli alchimisti credevano che la realtà fosse permeata di un'energia sottile e di una consapevolezza profonda. Era necessario sintonizzarsi con queste forze e imparare a lavorare con esse per raggiungere l'obiettivo della ricerca.

Inoltre, la ricerca della pietra filosofale richiedeva un profondo impegno spirituale. Gli alchimisti dedicavano la loro vita a questa ricerca, mettendo da parte le distrazioni mondane e concentrandosi sulla loro evoluzione spirituale. Questo impegno richiedeva una disciplina interiore e una costante ricerca della verità.

4 .7 Il Significato Ultimo della Ricerca

Il significato ultimo della ricerca della pietra filosofale era la realizzazione della propria essenza spirituale e l'armonia con l'universo. Gli alchimisti credevano che attraverso il raggiungimento della pietra filosofale, l'alchimista potesse realizzare la propria completa unione con il divino e diventare uno con l'universo.

La pietra filosofale simboleggiava l'illuminazione e la trasformazione interiore. Raggiungerla significava acquisire una profonda saggezza, una consapevolezza di sé ampliata e una connessione diretta con la fonte divina. Questa realizzazione portava ad una vita vissuta in armonia, equilibrio e amore.

In conclusione, la ricerca della pietra filosofale rappresenta un percorso affascinante che va oltre la semplice trasmutazione dei metalli. È un viaggio di scoperta interiore, di crescita spirituale e di realizzazione della propria essenza. Gli alchimisti ci invitano a intraprendere questo cammino, a unire gli opposti, a coltivare virtù morali e a vivere una vita in armonia con l'universo.

CAPITOLO 5

ALCHIMIA E SPIRITUALITÀ

Il legame tra alchimia e spiritualità è profondo e intrinseco. In questo capitolo, esploreremo in modo ampio, dettagliato e creativo la connessione tra l'alchimia e la dimensione spirituale, e come queste due discipline si intrecciano per condurre all'illuminazione e alla trasformazione interiore.

5.1 L'Alchimia come Via Spirituale

L'alchimia non è solo una pratica scientifica, ma anche una via spirituale. Gli alchimisti consideravano la loro ricerca come un percorso di evoluzione spirituale e di ricerca della verità universale. L'obiettivo finale non era solo la trasmutazione dei metalli, ma la trasmutazione dell'anima stessa.

L'alchimia offriva un sistema di conoscenza simbolica che consentiva all'alchimista di comprendere i misteri dell'universo e di sé stesso.

Attraverso l'osservazione dei processi alchemici esterni, l'alchimista cercava di riflettere e comprendere i processi interiori dell'anima.

5.2 L'Alchimia come Via di Trascendenza

L'alchimia offriva agli alchimisti un cammino di trascendenza oltre i confini della materia e della realtà ordinaria. Gli alchimisti credevano che l'essenza spirituale fosse intrinseca in tutte le cose e che, attraverso la conoscenza e l'applicazione dei principi alchemici, fosse possibile liberare questa essenza e connettersi con il divino.

Attraverso l'alchimia, gli alchimisti cercavano di superare le limitazioni dell'ego e di entrare in contatto con la dimensione spirituale più elevata. Questo richiedeva un profondo lavoro interiore, una purificazione dell'anima e una ricerca continua di saggezza e illuminazione.

5.3 L'Alchimia come Simbolismo Spirituale

Il simbolismo era un elemento centrale nell'alchimia e nella sua connessione con la spiritualità. Gli alchimisti utilizzavano simboli per rappresentare concetti e realtà che andavano oltre il piano materiale. Questi simboli trasmettevano una conoscenza profonda e criptica, che poteva essere interpretata solo da coloro che avevano raggiunto una certa consapevolezza spirituale.

I simboli alchemici, come il sole, la luna, l'aquila, il leone e molti altri, rappresentavano aspetti dell'anima e della spiritualità. Ogni simbolo aveva un significato profondo e un potere evocativo che aiutava gli alchimisti nel loro percorso di trasformazione interiore.

5.4 L'Alchimia come Unione degli Opposti

Un concetto fondamentale nell'alchimia e nella spiritualità era l'unione degli opposti. Gli alchimisti credevano che solo attraverso l'unione di elementi contrapposti, come il maschile e il femminile, il caldo e il freddo, il giorno e la notte, si potesse raggiungere l'armonia e l'equilibrio.

Questa unione degli opposti non riguardava solo gli elementi esterni, ma anche gli aspetti interiori dell'individuo. Gli alchimisti si sforzavano di integrare e bilanciare le polarità presenti in sé stessi, come la razionalità e l'intuizione, la luce e l'ombra, la mente e il cuore. Questo processo di integrazione permetteva di raggiungere un livello superiore di consapevolezza e di connessione spirituale.

Attraverso l'alchimia, gli alchimisti cercavano di superare le dualità e le divisioni interne, per arrivare a un'esperienza di unità e totalità. Questa unione degli opposti rappresentava anche la ricerca dell'unità con il divino e la realizzazione della propria natura spirituale.

5 .5 L'Alchimia come Trasformazione Interiore

L'obiettivo principale dell'alchimia era la trasformazione interiore dell'individuo. Gli alchimisti credevano che attraverso il lavoro alchemico, si potesse trasmutare non solo la materia, ma anche l'anima stessa.

L'alchimia offriva un percorso strutturato e guidato per raggiungere questa trasformazione. Attraverso l'osservazione dei processi alchemici, come la separazione, la purificazione, la coniunctio, l'incubazione e la fermentazione, gli alchimisti cercavano di purificare e sublimare la propria natura interiore.

La trasmutazione alchemica richiedeva un'attenzione costante ai processi interiori, una profonda introspezione e la capacità di lavorare con le forze sottili dell'anima. Gli alchimisti credevano che questo processo di trasformazione portasse a un risveglio spirituale, a una maggiore consapevolezza di sé e a una connessione diretta con il divino.

5.6 L'Alchimia come Cammino di Illuminazione

L'alchimia era considerata un cammino di illuminazione e di realizzazione spirituale. Gli alchimisti cercavano di raggiungere uno stato di coscienza superiore, di entrare in contatto con la luce interiore e di fondersi con l'essenza divina.

Attraverso la pratica alchemica, gli alchimisti si impegnavano a purificare i loro corpi, le loro menti e le loro anime. Questo processo di purificazione permetteva di rimuovere gli ostacoli che impedivano la manifestazione della propria natura spirituale.

L'illuminazione alchemica non era solo un'esperienza intellettuale, ma coinvolgeva tutto l'essere. Gli alchimisti cercavano di sviluppare una sensibilità profonda verso le energie sottili e di aprirsi alla consapevolezza della presenza divina in ogni aspetto della vita. Questa illuminazione interiore portava a una percezione più elevata della realtà e a una comprensione più profonda dei misteri dell'universo.

Attraverso la pratica costante dell'alchimia, gli alchimisti sviluppavano la loro intuizione, la loro saggezza e la loro capacità di percepire le connessioni nascoste tra le cose. Questa sensibilità spirituale permetteva loro di vivere una vita più autentica, in armonia con la propria essenza e con il mondo circostante.

5.7 L'Alchimia come Condivisione Spirituale

L'alchimia non era solo un percorso individuale, ma anche un'opportunità per la condivisione e la diffusione della conoscenza spirituale. Gli alchimisti si riunivano in comunità, condividevano le loro scoperte, le loro esperienze e le loro intuizioni, creando una rete di scambio e di supporto reciproco.

Attraverso la condivisione delle loro conoscenze alchemiche, gli alchimisti contribuivano alla diffusione di una visione del mondo più ampia, che metteva in evidenza la presenza del divino in ogni aspetto dell'esistenza. Questa condivisione spirituale favoriva la crescita collettiva e il mutuo sostegno nella ricerca della verità e della trasformazione.

Inoltre, gli alchimisti erano impegnati a insegnare

agli altri l'arte dell'alchimia, consentendo a più persone di intraprendere il cammino spirituale e di sperimentare la trasmutazione interiore. Questo atteggiamento di condivisione promuoveva la diffusione della saggezza alchemica e alimentava una comunità di individui consapevoli e impegnati nella propria evoluzione spirituale.

In conclusione, l'alchimia e la spiritualità sono strettamente intrecciate. L'alchimia offre un percorso strutturato e simbolico per la trasformazione interiore, l'illuminazione e la connessione con il divino. Attraverso la pratica alchemica, l'alchimista si immerge in un viaggio di scoperta e trasformazione che coinvolge l'anima, la mente e il corpo. L'alchimia non si limita a esplorare la dimensione fisica e materiale, ma penetra nei regni sottili dell'esistenza, alla ricerca della conoscenza spirituale e della verità universale.

CAPITOLO 6

L'EREDITÀ DELL'ALCHIMIA

Il Capitolo 6, intitolato "L'Eredità dell'Alchimia", ci guida attraverso l'influenza duratura dell'alchimia nella storia, nella cultura e nelle discipline scientifiche moderne. Esploreremo come l'alchimia abbia lasciato un'impronta indelebile nel panorama intellettuale e come le sue idee e pratiche abbiano avuto un impatto significativo sulle generazioni successive.

6.1 L'alchimia come Precursora delle Scienze

L'alchimia rappresenta un fondamento essenziale per lo sviluppo delle scienze moderne. Molti degli alchimisti pionieri sono stati precursori nel campo della chimica, mettendo le basi per le teorie e le pratiche scientifiche che oggi consideriamo fondamentali. Attraverso la ricerca alchemica, gli alchimisti hanno scoperto e sperimentato con sostanze chimiche, processi di purificazione, distillazione e trasmutazione, gettando le basi per la moderna chimica.

Inoltre, l'alchimia ha contribuito all'avanzamento delle scienze materiali, come la metallurgia e la farmacologia. Gli alchimisti hanno dedicato tempo ed energia alla comprensione delle proprietà dei metalli e delle sostanze medicinali, aprendo la strada a importanti scoperte e applicazioni in questi campi.

6.2 L'influenza alchemica nell'Arte e nella Letteratura

L'eredità dell'alchimia si estende anche all'arte e alla letteratura. Molti artisti e scrittori hanno tratto ispirazione dal simbolismo alchemico e dai concetti filosofici ad esso associati. L'alchimia ha fornito un linguaggio metaforico ricco di significati nascosti che hanno arricchito le opere d'arte e di letteratura.

Nella pittura, ad esempio, si possono individuare numerosi riferimenti alchemici, come l'uso di simboli alchemici, la rappresentazione di processi di trasmutazione o la presenza di figure mitologiche associate all'alchimia. Alcuni artisti hanno anche utilizzato materiali e tecniche alchemiche, come la doratura e l'uso di pigmenti minerali, per creare opere che trasmettessero un senso di mistero e trasformazione.

Nella letteratura, l'alchimia ha ispirato molti autori, da Dante Alighieri a J.R.R. Tolkien. I concetti alchemici di trasmutazione, ricerca della conoscenza e unione degli opposti sono stati spesso utilizzati come elementi narrativi o come metafore per rappresentare la crescita e la trasformazione dei personaggi.

6.3 L'influenza dell'alchimia nella Filosofia e nella Psicologia

L'alchimia ha anche avuto un impatto significativo sulla filosofia e sulla psicologia. Concetti alchemici come l'unione degli opposti, la ricerca della Pietra Filosofale e il processo di trasmutazione sono stati adottati da filosofi e psicologi per descrivere la natura umana e il percorso di crescita personale.

In filosofia, l'alchimia ha ispirato il concetto di "coniunctio oppositorum", che rappresenta l'unione armoniosa e complementare degli opposti. Questo concetto è stato applicato a vari campi filosofici, come l'ontologia, l'etica e l'estetica, per illustrare l'importanza dell'equilibrio e dell'armonia tra polarità contrapposte. L'alchimia ha offerto una visione olistica dell'esistenza, in cui l'unione degli opposti porta alla realizzazione del Sé e all'ottenimento di una conoscenza più profonda della realtà.

Nella psicologia, l'alchimia ha influenzato il pensiero di importanti figure come Carl Gustav Jung. Jung ha introdotto il concetto di "processo alchemico" per descrivere il processo di trasformazione e individuazione che l'individuo deve affrontare per raggiungere l'integrazione e la piena realizzazione di sé. Ha utilizzato simboli alchemici, come l'ombra, l'anima e l'animus, per rappresentare le diverse parti della psiche umana e il processo di integrazione di queste polarità. L'alchimia ha quindi fornito a Jung un ricco repertorio di simboli e concetti per comprendere il funzionamento della psiche umana e per guidare il processo di individuazione.

6.4 L'alchimia nel Contesto Spirituale Contemporaneo

Infine, esaminiamo come l'eredità dell'alchimia si rifletta nel contesto spirituale contemporaneo. Nonostante l'alchimia sia spesso associata a pratiche e conoscenze antiche, i suoi principi e concetti continuano ad avere un'applicabilità e una rilevanza nell'attuale ricerca spirituale.

Molte persone si sono interessate all'alchimia come un percorso per la crescita personale, la trasformazione interiore e la ricerca della saggezza. L'alchimia offre un approccio pratico e simbolico per comprendere e sperimentare l'unione dei diversi aspetti dell'essere umano e la connessione con il divino.

Le pratiche alchemiche, come la meditazione, la visualizzazione e l'utilizzo dei simboli alchemici, vengono utilizzate come strumenti per sviluppare una maggiore consapevolezza di sé, per armonizzare le polarità interne e per coltivare la spiritualità.

Inoltre, l'alchimia si collega a tradizioni spirituali come l'ermetismo, il neoplatonismo e l'occultismo, che continuano ad esplorare e ad applicare gli insegnamenti alchemici nel contesto contemporaneo.

L'alchimia nel contesto spirituale contemporaneo si presenta come un percorso di ricerca interiore e di connessione con l'essenza più profonda dell'essere umano. Le persone si avvicinano all'alchimia in cerca di una via per comprendere meglio se stessi, per superare le limitazioni e per realizzare il proprio potenziale spirituale.

Nel contesto della spiritualità olistica e dell'approccio integrativo, l'alchimia offre una visione completa dell'essere umano, in cui mente, corpo e spirito sono considerati parte di un'unica realtà interconnessa. L'alchimia invita all'esplorazione dell'aspetto simbolico della realtà e promuove la comprensione dei processi di trasformazione e crescita spirituale.

Attraverso l'uso dei simboli alchemici, come il sole, la luna, il serpente e la croce, i praticanti possono esplorare gli aspetti più profondi della propria psiche e connettersi con l'archetipo dell'alchimista interiore. Questo archetipo rappresenta il desiderio di trasformazione e il cammino verso l'illuminazione spirituale.

Le pratiche alchemiche contemporanee includono la meditazione sulla simbologia alchemica, la lavorazione degli elementi naturali, l'uso degli oli essenziali e delle erbe, e l'approfondimento degli insegnamenti filosofici alchemici. Queste pratiche mirano a stimolare la consapevolezza, l'equilibrio e l'armonia interiore, permettendo al praticante di sperimentare la propria natura divina e di sviluppare una connessione profonda con l'universo.

CAPITOLO 7

PROSPETTIVE E SFIDE DELL'ALCHIMIA OGGI

Il Capitolo 7, intitolato "Prospettive e Sfide dell'Alchimia Oggi", ci porta nel contesto attuale dell'alchimia, esplorando le prospettive emergenti e le sfide che la disciplina affronta nell'epoca moderna. Esamineremo come l'alchimia si sta evolvendo per rispondere alle esigenze e alle sfide del nostro tempo, nonché le opportunità e i dilemmi che si presentano lungo il percorso.

7.1 L'Alchimia nella Scienza e nella Tecnologia Contemporanea

Una delle prospettive più affascinanti dell'alchimia oggi riguarda il suo rapporto con la scienza e la tecnologia moderne. Mentre l'alchimia ha radici antiche, i suoi principi e concetti sono ancora rilevanti e suscitano l'interesse di alcuni scienziati contemporanei. Alcuni ricercatori esplorano la possibilità di applicare le conoscenze alchemiche nel campo della chimica avanzata, dell'energia sostenibile e della medicina.

L'approccio olistico e simbolico dell'alchimia offre nuove prospettive per affrontare le sfide scientifiche attuali, come la comprensione della complessità dei sistemi naturali e l'esplorazione delle proprietà delle sostanze a livello molecolare. L'interesse per la trasmutazione e la trasformazione, tipiche dell'alchimia, ha ispirato ricerche sui materiali e sulla manipolazione delle proprietà fisiche e chimiche.

Inoltre, l'alchimia si sta affacciando al campo delle tecnologie sostenibili, cercando di sviluppare approcci più ecologici e rispettosi dell'ambiente per la produzione di materiali e l'energia. L'idea di trasmutazione alchemica, intesa come la capacità di trasformare una sostanza in un'altra, sta stimolando la ricerca di nuove soluzioni per la riduzione dei rifiuti, il riciclaggio e l'utilizzo sostenibile delle risorse.

7 .2 La Diffusione e l'Accessibilità dell'Alchimia

Un'altra sfida e opportunità che l'alchimia affronta oggi riguarda la sua diffusione e accessibilità. Mentre l'alchimia era in gran parte un'arte segreta e riservata a pochi in passato, l'era digitale e l'accesso alle informazioni hanno reso l'alchimia più accessibile a un pubblico più ampio.

Ci sono comunità online, forum e risorse digitali che consentono a persone provenienti da diverse parti del mondo di condividere conoscenze, esperienze e pratiche alchemiche. Questa diffusione globale dell'alchimia ha portato a un maggiore scambio di idee, a una crescita della conoscenza e a nuove prospettive sulla disciplina.

Tuttavia, questa apertura e diffusione dell'alchimia presentano anche sfide. L'alchimia, essendo una disciplina che richiede esperienza pratica e comprensione simbolica, può essere malinterpretata o banalizzata da coloro che ne hanno solo una conoscenza superficiale. È importante mantenere un equilibrio tra la diffusione accessibile dell'alchimia e il rispetto per la sua profondità e complessità.

Inoltre, l'accesso a informazioni di scarsa qualità e a insegnamenti non verificati può portare a fraintendimenti e a un'applicazione distorta dei principi alchemici. È fondamentale che coloro che si avvicinano all'alchimia come pratica o come studio abbiano una guida competente e affidabile per evitare fraintendimenti e per sviluppare una comprensione autentica dei principi alchemici.

7.3 Le Sfide Etiche e Morali

Un'altra sfida che l'alchimia affronta oggi riguarda le questioni etiche e morali connesse alle sue pratiche e applicazioni. L'utilizzo delle conoscenze alchemiche nel campo della chimica e della medicina solleva interrogativi riguardo all'etica della manipolazione delle sostanze e della ricerca sul corpo umano.

È importante considerare gli impatti delle pratiche alchemiche sulla salute, sull'ambiente e sulla società nel loro complesso. Questo richiede una riflessione critica sulle finalità e sulle conseguenze delle applicazioni alchemiche e una responsabilità nell'utilizzo delle conoscenze acquisite.

Inoltre, l'etica dell'alchimia si estende anche alla sfera personale e spirituale. Come praticanti o studiosi dell'alchimia, è importante riflettere sulla nostra intenzione, sull'equilibrio tra il perseguimento dei nostri obiettivi personali e la considerazione del bene comune, nonché sulle responsabilità che derivano dal nostro percorso alchemico.

7 .4 Le Nuove Frontiere dell'Alchimia

Nonostante le sfide, l'alchimia continua ad aprirsi a nuove frontiere e prospettive. Con l'evoluzione delle scienze, delle tecnologie e della coscienza umana, l'alchimia si adatta e si reinventa per rispondere alle nuove sfide e alle nuove domande che emergono.

Le nuove frontiere dell'alchimia includono l'esplorazione delle relazioni tra alchimia e coscienza, l'applicazione delle conoscenze alchemiche nei campi della psicologia transpersonale e della ricerca della consapevolezza superiore, nonché l'integrazione dei principi alchemici nelle pratiche artistiche e creative.

L'alchimia si presenta come un ponte tra la scienza, la filosofia, la spiritualità e l'arte, offrendo una via per comprendere l'essenza della realtà e dell'essere umano in modo olistico e profondo.

CONCLUSIONI

ALLA RICERCA DELLA PIETRA FILOSOFALE: UNA SFIDA SPIRITUALE E INTELLETTUALE

Le conclusioni di questo libro ci portano al termine del nostro viaggio alla ricerca della Pietra Filosofale, un simbolo dell'obiettivo supremo degli alchimisti: la trasmutazione dell'anima e l'illuminazione spirituale. Lungo il percorso, abbiamo esplorato i vari aspetti dell'alchimia, le sue radici storiche, i suoi simboli, i processi di trasmutazione e la ricerca della conoscenza profonda.

La ricerca della Pietra Filosofale è stata descritta come una sfida spirituale e intellettuale che richiede impegno, dedizione e perseveranza. È un viaggio di autotrascendenza, in cui l'alchimista si impegna nella trasformazione interiore, cercando di superare i limiti dell'ego e di raggiungere una connessione profonda con l'universo.

L'alchimia ci insegna che la ricerca della Pietra Filosofale non è solo un cammino esteriore, ma una scoperta interiore che richiede introspezione, autoreflessione e consapevolezza. Attraverso l'applicazione dei principi alchemici nella nostra vita quotidiana, possiamo avvicinarci a una comprensione più profonda di noi stessi, degli altri e del mondo che ci circonda.

Inoltre, l'alchimia ci invita a esplorare il potere dei simboli e degli archetipi, che rappresentano forze e concetti universali. L'utilizzo dei simboli alchemici nella meditazione, nella contemplazione e nella pratica quotidiana ci permette di accedere a livelli più profondi di consapevolezza e di connessione con l'essenza della nostra anima.

La ricerca della Pietra Filosofale non è priva di ostacoli e sfide. Lungo il cammino, gli alchimisti si sono scontrati con l'oscurità interiore, le tentazioni dell'ego, le illusioni e le delusioni. Tuttavia, è proprio attraverso la persistenza e la fede nel proprio cammino che si può raggiungere l'illuminazione spirituale e la realizzazione del proprio potenziale.

L'alchimia, infine, ci insegna che il vero tesoro si trova nel processo stesso, nella ricerca continua della conoscenza e della trasformazione. È un invito a vivere la nostra vita come un laboratorio alchemico, in cui ogni esperienza e ogni sfida possono essere trasformate in opportunità di crescita e di evoluzione.

Alla fine di questo viaggio alchemico, ci rendiamo conto che la ricerca della Pietra Filosofale non è solo l'obiettivo degli alchimisti del passato, ma una chiamata universale che risuona in ognuno di noi.

È un invito a esplorare le profondità della nostra anima, a connetterci con la saggezza universale e a realizzare la nostra piena potenzialità come esseri umani.

Che questa ricerca della Pietra Filosofale ci ispiri a continuare il nostro cammino di trasformazione e di crescita spirituale. Che ci guidi nella scoperta di nuove prospettive, nella ricerca della verità interiore e nella connessione con il divino che risiede dentro di noi.

In conclusione, l'alchimia rappresenta un'intrigante via di esplorazione e di trasformazione personale. Attraverso il suo simbolismo, i suoi processi e la sua filosofia, ci offre un percorso verso la conoscenza profonda, la saggezza interiore e la realizzazione spirituale.

La ricerca della Pietra Filosofale è una metafora potente che ci invita a cercare la trasmutazione e l'evoluzione continua. È un richiamo a esplorare i nostri confini interiori, a superare le limitazioni mentali e a abbracciare la nostra vera essenza.

Nel mondo frenetico e materialista di oggi, l'alchimia ci offre un ritiro nella dimensione interiore, nel regno dell'anima e della spiritualità. Ci invita a porre domande profonde, a esplorare le nostre ombre e a cercare la luce che risiede in ogni aspetto della nostra esistenza.

Mentre concludiamo questo libro, ricordiamo che l'alchimia è un viaggio senza fine. È un percorso di ricerca e di trasformazione che ci accompagna per tutta la vita. Ogni passo lungo questa via ci porta a una maggiore consapevolezza di noi stessi e del mondo che ci circonda.

Che tu sia un alchimista nel vero senso della parola o semplicemente un curioso esploratore dell'anima umana, ti auguro di continuare il tuo cammino con passione, apertura e perseveranza. Che la ricerca della Pietra Filosofale sia una guida luminosa lungo il tuo percorso e che tu possa scoprire tesori nascosti all'interno di te stesso.

Con questo, concludiamo il nostro viaggio alla scoperta dell'alchimia e della sua profonda saggezza. Che queste parole ispirino la tua mente, il tuo cuore e la tua anima ad abbracciare la magia dell'alchimia e a esplorare le profondità del tuo essere.

Che tu possa trovare la tua personale pietra filosofale e lasciare un'impronta significativa nel mondo, trasformando non solo te stesso, ma anche la realtà che ti circonda.

Buon viaggio alchemico, in cerca della tua verità interiore!